이 책은
반려동물과 함께
즐거운 생활을 꿈꾸는

______의 책
입니다.

멍냥연구소 10

1판 1쇄 인쇄 2025년 1월 6일
1판 1쇄 발행 2025년 1월 16일

원작 | 비마이펫
만화 구성 | 박지영(옥토끼 스튜디오)
발행인 | 심정섭 **편집인** | 안예남
편집 팀장 | 최영미 **편집** | 조문정, 이선민
표지 및 본문 디자인 | 권규빈
브랜드마케팅 | 김지선, 하서빈
출판마케팅 | 홍성현, 김호현
제작 | 정수호

발행처 | (주)서울문화사
등록일 | 1988년 2월 16일 **등록번호** | 제 2-484
주소 | 서울특별시 용산구 새창로 221-19(한강로2가)
전화 | 02-791-0708(구입) 02-799-9171(편집) 02-790-5922(팩스)
인쇄처 | 에스엠그린

ISBN 979-11-6923-395-8 (74490)

온 세상 반려가족 필수 반려동물 교양만화
Bemypet
비마이펫
멍냥연구소
10

캐릭터 소개

· 삼색&리리네 ·

삼색이

집사인 주인이에게 툴툴거리지만
사실 엄청 사랑하는 겉바속촉 고양이

주인이

삼색이에게는 집사, 리리에게는 쭈인으로
불리며 늘 최선을 다하는 보호자

리리

애교 많은 주인바라기로 주인이랑
산책할 때 가장 행복하다는 강아지

· 또 다른 동물 친구들 ·

늘 강아지들을 지켜 보느라 바쁜
강아지 신령

아기 고양이 육아의 고수인
고양이 신령

강아지 별에 사는
삼신할멍의 조수

인플루언서 랙돌과
사랑에 빠진 아기냥

차례

1장 강아지 연구소

야옹♥

2장 고양이 연구소

1장
강아지
연구소

웰시코기는 원래 꼬리가 없었을까?

퐁실 퐁실

조물 조물

아가, '그것' 좀 줘라!
여기요!

우웅-
기대되는구먼~.
띵!

하아~,
꼬순내~.
노릇
노릇

잠깐…!
꼬… 순내?
쿠궁!

퐁실

할미~,
안녕?
살랑
살랑

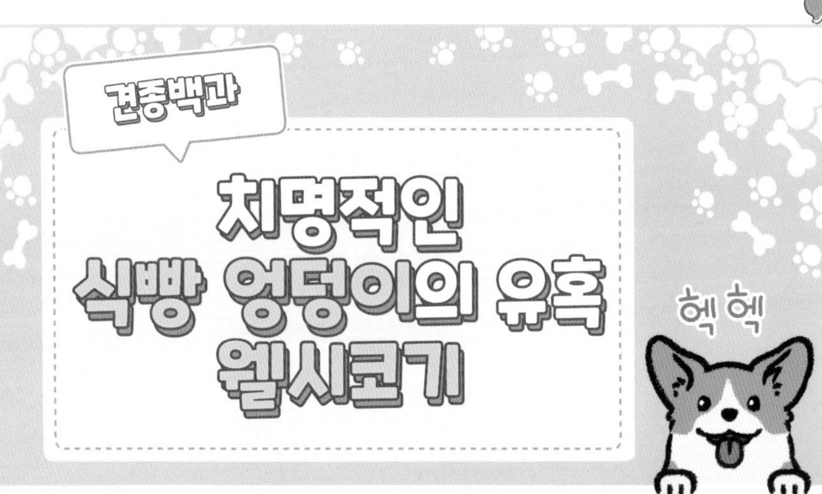

견종백과
치명적인
식빵 엉덩이의 유혹
웰시코기
헥헥

아가!
발효용 이스트를
줬어야지!
식빵
강아지라니…

투덜
투덜
그거라고 하면
어떻게 알아요….
헤~
떼잉! 같이 산 게
몇십 년인데!
못마땅

1, 웰시코기는 왜
숏다리일까?
숏다리…?
짤 막

잘 뛸 수
있을까?
갸웃?

웰시코기가 매우 짧은
다리를 가진 이유는
앗싸!
쌔 앵

응?
뭐 이리 빨라?
팔 랑~
짧은 다리로 유명한 견종 중
하나인 닥스훈트처럼

연골발육부전증: 특정 유전자로 인해 팔다리 성장이 방해받는 것으로 허리에는 영향을 주지 않아요. 따라서 이 유전병을 가진 강아지는 팔과 다리가 짧고 몸통이 상대적으로 길어요.

그러나 다리가 짧은 강아지들은
관절 건강에 특히 취약한데,
야호!
초롱
초롱
앗!
폴 짝
웰시코기는 허리가 길어서 허리
디스크가 생길 가능성이 높으며
응?
바 둥
바 둥
어…!?
??
다리 또한 관절염이
생기기 쉽기 때문에

관절 다치면
할미처럼
된다~?
온몸이 쑤셔!
살금
살금
평소에 강아지의 관절을
잘 관리해 주어야 합니다.

2, 소몰이에 재능을 가진 강아지
우리가 알고 있는 웰시코기의 원래 이름은 펨브로크 웰시코기로,
쿨쿨
이는 영국 웨일스의 펨브로크 지역에서 유래된 것입니다.
음매~
화들짝
할머니!
두리번 두리번
어… 여긴 처음 보는 곳인데…?
갸우뚱
두둥

웰시코기는 펨브로크의 농장에서
소를 모는 목축견으로 활약했는데
흐느적
헥헥….
흐느적

멈춰!
두둥
주로 소의 뒤꿈치를 살짝 물어
놀라게 하는 방법을 썼다고 합니다.

시큰둥
안 움직이면
문다?!
으르렁
깍!
앙!

수많은 소나 양을 모는 목축견들은
와아~!
으쓱
짝
짝
난관에 부딪혀도
스스로 해결할 수 있을 정도로
내 맘대로 살 거야!
흥!
짜릿
으르렁!
슬쩍
으앙~!
후다닥
무척 영리하다는 특징을 가지고 있는데

웰시코기도 견종별 지능 순위 상위권을
차지할 정도로 똑똑하다고 합니다.
쓰 담
칭찬해 줘.
씨익
씨익
쳇!

며칠 뒤
으아악!
내 꼬리!

꼬리가 길어서
밟히네….
두 둥
뻔
미안함매~.
뻔
이걸
어떡하지?
흐음…

3. 웰시코기에게도 꼬리가 있다고?

짧은 꼬리와 함께 식빵 궁둥이라고
불리는 통통한 엉덩이는

꼬리 어디 갔지?!

응?

두둥!

웰시코기의 대표적인 상징으로
자리 잡고 있습니다.

꺄악!

우 다 다

너 잘 만났다!
거기 서!

하지만 이것은 꼬리를
자르는 단미로 인한 것으로,
훌쩍 훌쩍
유전적으로 짧은 꼬리를 가지고
태어나는 경우가 아닌 이상
툴툴

대부분의 웰시코기는 길고 탐스러운
꼬리를 가지고 태어납니다.
헐….
꼬리가 없다!
!?
두둥

꼬리는 어디
갔음매~?
갸우뚱?

몰라서 묻냐?
너 때문이잖아.
찌풀

웰시코기가 짧은 꼬리를
가지게 된 이유는
낑
낑

소몰이 개로 활약을 하다가
곰곰
흠….

종종 소들의 발에 웰시코기의
긴 꼬리가 밟히거나
아프다멍.
욱씬
꼬리가 있어서
좋지만…
욱씬

안 아프게
해 줄게!
멍!?
덥석

물려서 다치는 일이 많았기
때문이라고 합니다.
내 꼬리…?
두둥!

터벅 터벅
빨리빨리 가!
힝.

하지만 현재는 웰시코기를 반려동물로써 키우기 때문에
엥?
휙
단미를 할 필요가 없지만

헤실 헤실
부담스러워…
뭐냐멍….
여전히 사람의 눈에 보기 좋게 하기 위해 자르는 경우가 많습니다.

흑
꼬리야,
가지 마!
흑
잘 지내.
덜
덜
안 돼!
벌
떡
두리번
꾸, 꿈인가?
두리번

4. 단미, 왜 하면 안 되는 걸까?
두둥

단미는 강아지의 꼬리를 짧게 자르는 수술로,
뭔가 불길한 예감이….
끙~

다른 웰시코기네 집
코오
코오
주로 강아지가 태어난 지 일주일 정도가 되었을 때 합니다.

스윽
덜덜
헉!

별일 없을 거야.
화
들
짝
꺄악!!
안 아프다니까~
괜찮아~.
이때는 강아지의 신경이
완전히 발달하지 않아서
오들
으으!
오들

싹
뚝
흐흐~.
슈우웅-

고통을 느끼지 않는다는
이야기도 있지만
으악!
퍽!

이는 근거 있는 주장이 아닙니다.
해롱
해롱
꽥!
으
쓱

얘는 집에서
키울 건데
왜 잘라!
흔들
흔들

어릴 땐
안 아프댔어.

오히려 호주동물학대방지협회
(RSPCA)에 따르면
참나!
살랑
살랑

잘 봐.
앙!
꺅!
아파!
강아지는 태어났을 때부터 신경이
완전히 발달한 상태로 태어나므로
단미를 할 때 고통을
느낀다고 합니다.
움찔
봤냐?

쥐방울,
따라와.
달칵
웅…!

스윽

게다가 강아지는 꼬리를 통해
많은 대화를 하는데
자!

꼬리가 정말 탐스럽고 예쁘다!!
와아~!
방긋
단미를 하면 중요한 대화 수단을 잃어버리게 되므로

가급적 하지 않는 것이
가장 좋습니다.
훗~.
쓱

초롱
꼬리를 지켜 줘서
고맙다멍!
초롱

헤….
씰룩
씰룩
행복해라.
척!

비숑의 동그란 머리는 타고난 걸까?

응?
몽실
몽실
이건…
강아지들의 웃음이
잔뜩 스며든
거품…!
두
둥
슥슥
이거다!
엥? 할머니?
쌔앵
이렇게…
저렇게….
조물
조물

견종백과
보송보송~
솜뭉치 강아지!
비숑
보송
보송

에헴.
짜
잔
거품
묻으셨어요.
후후~.
으쓱

스윽

화들짝
거품
아니지롱.
빼꼼
헉!

1. 비숑 타임?
00:00
킁 킁
하~! 여기가 댕댕별이구나?
초 롱
초 롱
비숑은 가끔씩 매우 흥분한 채 우다다를 하거나
야호!

폴짝폴짝 뛰어다닐 때가 있는데
신난다!
우 다 다

두둥!
뭐야!
쌔앵
이것을 비숑 타임이라고 부릅니다.

쌔앵
머쓱
즐거움이 좀 과하게
들어갔나…?

멈춰!
삐질삐질
크크
우다다
하지만 모든 비숑이 그런 것은 아닙니다.

끼이익
만약 그날의 운동량이 충분히
해소되지 못했다면
재미난 거….
발견!
흐흐흐….
어?
슬금
슬금
강아지가 스스로 해소하기 위해
보이는 모습일 수 있습니다.
퍽!
헉!
앗싸!

흐뭇

해롱 해롱
내 거!

화들짝
잠깐….

명랑하구만?
하하하!

물론 부족한 운동량 때문만은 아닙니다.
흥얼
흥얼
응?

스윽

만약 보호자가 비송이 비송 타임을
가질 때마다 관심을 가져 줬다면
두둥
내 거!
휙
또?!

강아지는 이 행동이 보호자를 기쁘게 만든다고 생각해서
쿵짝
헤헤헤~.
쿵짝

습관처럼 하게 되는
경우도 있습니다.
재 좀 봐?
흔들 흔들
ㅋㅋ
ㅋ
ㅋ
ㅋ

신난다멍!

헉… 헉…
돌려줘.
들썩
어?!
들썩

짜릿
애기한테 지면
어떡해.
체력 좀 길러!
흥…!

2. 강아지계의 연예인
찰칵
찰칵

어디 보자~.
뒤적
뒤적

흐뭇
강아지들이 잘 지내고 있구먼.

깜짝
응? 잠, 잠깐!

우아~
밀키야 ~♪
응?
비숑은 14~16세기 사이의 프랑스 궁중에서 인기가 많아

귀족 여성들 초상화에도
등장하는 것을 볼 수 있습니다.
불렀어?
방긋
저 녀석 성격에
괜찮을까?
긁적
괜찮겠지….

휴~.
지 루
비숑은 19세기에 좀 더 널리 퍼졌는데

앗, 저건?

후 다 닥
넥타이
내놓으라멍!
헥헥~.
폴 짝
폴 짝

응? 여긴
어디지?
오르간 연주자와 함께
거리에서 공연을 하기도 하고
와아!
유명한 서커스에 참여하기도 했습니다.
웅성
웅성
응?
오잉? 웬
강아지?
갸
우
뚱
대부분의 비숑은 활발하고 낙천적이며
어엇…?
어
리
둥
절

사람에게 많은 관심을 받는
것을 좋아할 뿐만 아니라
딩 가♪
딩 가♪
샤 랄 라
유후~!
사람에게 기쁨을 주고 싶어 하는
성격을 가지고 있습니다.

두 근
우와아!
두 근
따라서 사람들에게 주목받고, 예쁨받는
공연이 비숑에게 잘 맞았을 것입니다.

와! 너
제법인데?
너두!

수고했어.
먹어.
푸짐~
와, 밥이다!

귀여운 동료가
생겼네~.
배 시 시
냠 냠

3. 태어날 때부터 동그란 머리는 아냐
○
□
△

스윽
헤헤….
추욱

우리가 흔히 떠올리는
비숑의 모습은
갸웃
뭐지?
?

슥슥

마치 헬멧을 쓴 것처럼 둥그런
형태의 머리 모양일 것입니다.
짜잔!
퐁실

엇!
추욱~
후다닥
안 되겠다….
사실 이것은 자연스러운 모습이 아니라
미용을 받은 모습이며,
모락
모락
미용을 하지 않은 비숑은 곱슬한 털이
밑으로 축 쳐진 모습입니다.
추
욱
미용하기 전
곱슬
곱슬
미용 후

가만히
있어~.
쓱 쓱
비송은 털이 잘 빠지지 않는
견종으로 알려져 있는데
쓱 쓱
뭐지…?
사실은 얇고
곱슬거리는 털들이
곰곰
왜?
속털에 걸려서 꼬여 있는 경우도 많습니다.
갸 웃
몽실
몽실

으~ 몸이 무겁고 간지러!
벅
벅
털이 안 빠지는 게
아니었구나….
그러니 가능한 한
목욕은 한 달에 한 번,
흠~.
음….
쭈욱
빗질은 매일 해 주는
것이 좋습니다.

여전히 귀여워~
시무룩
모습이 달라져서
사람들이 실망할
것 같다멍.
아니야~.

피부병이 발생할 수 있습니다.

오랜 시간이 흐른 후
Z Z Z
코오
코오

뾰로롱
어? 할머니?

쓰담
이제 할미랑 같이 갈까?
쓰담

초롱
초롱

아직은 내 친구를
더 기쁘게 해 주고
싶다멍~.
활짝

방긋
그래, 그래.
천천히 더 놀다
오거라~.
쪽

어…?
잘잤어?
헤헤!
할 짝
할 짝

강아지가 유독 엄마를 좋아하는 이유는 무엇일까?

역시 나를…
리리~.
어?!
휙
오구!
엄마한테 왔쪄?
헤헤~,
엄마 쪼아!
힝!
휘이잉
흥, 나에겐
삼색이가….
씨익
흐윽….
다 엄마만 좋아해.
쿠궁
스윽
골골골~.

강아지는 왜 엄마만 좋아하는 걸까?

강아지가 보호자 중 유독 엄마를 따른다고 느낄 때가 많을 것입니다.

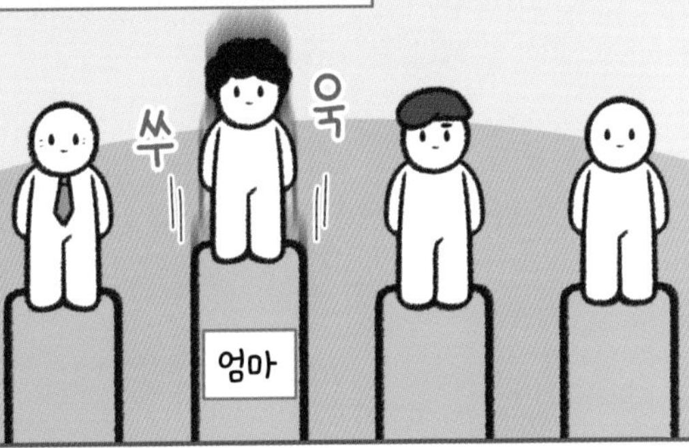

그러나 이것을 편애라고 단정짓기는 어렵습니다.

실제로 강아지가 좋아하는 것은

'엄마'라기 보다는
자!
옳지!!
흐흐흐~
엄마의 '행동'일 가능성이
높기 때문입니다.
엄마 최고!
폴
짝
잠시
도와줄 강아지?
간식 줄게.
누구?
멍?
내가
하겠다냥!
후다닥
간식!
으악!
퍽!

#01
강아지는 사람보다는 '행동'에 주목해
강아지

미국 에모리 대학교의 심리학 연구팀은
연구원
시 큰 둥

강아지가 사람보다는
사람이 어떤 행동을 하는지에
하~뚜!
찡긋

냥.
탁!

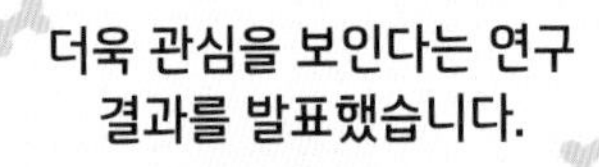
더욱 관심을 보인다는 연구
결과를 발표했습니다.

자.
어?

히히~.
고 롱
고 롱

저벅
저벅
웃차!
퍽!
퍽!
냐앙!
그레고리 번스 교수
ㄱㄹㄱㄹ
하….
너덜
너덜
이 실험은 강아지의 뇌 활동을 전문 의료 기기로 촬영한 뒤
컴퓨터로 분석하는 방식으로 진행되었습니다.
ㄱㄹㄱㄹ
지잉

실험을 진행하는 동안
흠~.
오물
오물
POP

갸웃
리리
머릿속 세포들
멍…
강아지의 뇌는 사람, 사물, 동물의 정지된
그림이 나오는 영상에서는 반응하지 않았습니다.

어?!
화들짝
리리~.
이 소리는!?

하지만 놀기, 먹기, 킁킁거리기 등과 같은
헤실 헤실
냥!
행동이 나오는 영상에서는
냠 냠
와아~!
반짝 반짝
그렇군….
끄덕
강아지의 뇌가 활발하게 반응했다고 합니다.

이 실험을 통해
대부분의 강아지들은
빠
안
특정 사람보다는 그 사람이
어떤 행동을 하느냐에
뻘
쭘
어…?
초
롱
초
롱
자….
하트?
더 큰 관심을 보인다는 것을
알 수 있습니다.
쭈인~!
헤헤.
간식 주는 줄
알았네.
찌풀

동체 시력: 움직이는 사물을 보는 눈의 능력을 말해요.

강아지의 동체 시력이 뛰어난 이유는
움직임을 감지하는 간상세포가
리리야…?
뭘 보는 거야?
사람보다 훨씬 많기 때문입니다.
뭐지~?
♪~
실제로 강아지는 이 동체 시력을 통해서
응?
냐앙~!
왜엥~
작은 벌레의 움직임도 잘 볼 수 있습니다.
퍽!

이유2
생존을 위한 관찰력
두 번째 이유는 야생에서 살아남기 위한 생존 본능 때문이라고 합니다.
두리번
어?
두리번
야생에서의 강아지는 주변 환경과 동물들의 행동을 관찰하면서
빼꼼
아니?
저 자세는?!
으르렁
토끼가 위험해….
덜
덜
포식자를 피하거나 먹이를 사냥해야 했습니다.

폴짝
헉!
이로 인해, 강아지는 대상의 행동이나 움직임에
더 예민한 반응을 보이는 것일 수 있습니다.

두
안 돼애!
둥

오물
응?!
오물

맛없어
보이네….
엥…?
시무룩
어?
리리야~

#03
강아지가 엄마만 좋아하는 이유
엄마 쪼아!
지금까지의 연구 결과에 따르면
리리야, 나한테도 와 줘~.
강아지는 엄마를 좋아하는 것이 아니라
방긋
쪼인!!
뒤적
뒤적
멍?!
엄마의 행동을 좋아하는 것입니다.
자~.
멍?
활짝

리리야….
어째서…?
하하
호호
응?
냥~.
이유를 알려 주지!
두둥
애정을 표현하기도 합니다.
싫어! 싫다고!!
냐앙! 냥!
쭈압
삐질
냥?
알겠냥?
어떤 보호자들은 강아지에게 스킨십하며

하지만 강아지에게 이러한 행동은
곰곰
음….
으악!
쪽쪽
쪼압
바둥 바둥
쪼압
구속감과 부담감을 주기 때문에
긁적
아….
추욱
으으….
대부분의 강아지는 불편함을 느낄 수 있습니다.

쓰담 쓰담
리리….
훌쩍
배시시
오구~,
우리 강아지.

반대로, 엄마는 강아지가 다가왔을 때에만
헤헤~.
쓰 담 쓰 담
부드럽게 쓰다듬는 정도의 가벼운 애정 표현을 하는 경우가 많습니다.
삼색이도 왔어?
냥~♥
하 암~
이 행동은 강아지를 구속하거나 부담감을 주지 않기 때문에
쌔 근
쌔 근
조아~.
강아지가 편안함을 느낄 가능성이 높습니다.

그러니 강아지의 입장에서는
부들
엄마만
좋아하궁….
부들

자신을 불편하게 만드는 보호자가 아닌,
슬금
슬금
스윽
이히히히…
쭈~ 우~.
쭈우…?
흐어엉~
편안하고 만족스럽게 만드는 보호자를
따르는 것이 당연한 것입니다.

쭈인?
들썩 들썩
흐윽….

왕!
훌쩍
훌쩍
으응?

헤실 헤실
나한테 와 준거야?
찌잉~
리리…?
울지마라멍~.

씨익
오?!
으쌰!
스윽
리리~!
여기야, 여기!
역시 내가
더 좋지?
두둥!
멍?
너무해~!
배시시

강아지는 언제 하울링을 하는 걸까?

간식 줄게~.
살 랑
살 랑
화 들 짝
밍?
저 녀석의
안에는….
방 긋
캬캬캬!
또 다른
녀석이 들어 있다는
것을….
두
둥

~때는 리리가 아직 아기였던 시절~

우웅….
시무룩

코오~
코오~

참나…
쪼그만 게….
쌔근
쌔근

귀찮아
죽겠다옹~.

삐뽀
삐뽀
엉?!

이유1
이게 무슨 소리야?!
삐 뽀
삐 뽀
119

으으으….
번 쩍

놀랬냥? 저게 무슨 소리냐면….
두둥!

강아지는 사이렌 소리와 같은
벌 떡
으앗!
콰당!

반복적이고 높은음의
큰 소리를 들었을 때
쫑긋
아오옹
하울링을 하는 경우가 있습니다.
아오~!
아오옹~!
뭐 잘못
먹었냥?
다시
누우라옹.
야!
후다닥
날 부르고
있다멍.

이 하울링의 의미는 크게 두 가지로 나눌 수 있는데
두리번 두리번
화들짝
헉!
뭐 하냥?
삐뽀 삐뽀
여기구나!
아오옹~
특정 소리를 다른 강아지의 하울링으로 착각해서
합창하는 것이거나
그만!
또는 단순히 시끄러워서
아오옹~!
으악!
멍멍!
바둥
바둥

멍~
차 분
뚝!
음….
스트레스를 받고 있다는 의미로 볼 수 있습니다.

방 글
방 글

코 오
코 오
갑자기?
얘… 뭐냥?
정상이 아니야…
코 오
코 오

분리 불안이 있는 강아지들은 혼자 남겨졌을 때

다녀올게~.
외로움과 불안함, 두려움을 표현하기 위해
밍?

꺄악~!
큰 소리로 하울링을 할 수 있습니다.
머엉?!
훌쩍
훌쩍
낑낑….
아오오욹~!

이 하울링은 '가족을 다시 만나고 싶다'는 의미로
아오옭
또 시작이네…
참나….
움찔
흥!
멀리 떨어진 가족이나 동료에게 자신의 위치를
알리려는 행위일 가능성이 높습니다.
뿌에엥~ㅠ
끄응…
뿌엥~ㅠ
그만 울라옹.
내가 있잖냥.
훌쩍
훌쩍
으르르르!
헉!

하지만 강아지가 가족과 함께 있어도
하울링을 한다면
쭈인 줘!
퍽!
퍽!
내놔!
퍽!
퍽!
관심을 끌기 위한 습관적인 행동일 수 있습니다.
스윽
허!
흥! 저게…!
나 무시하냐?
씨익
씨익

이유3
난 분명히 경고했어!
할짝
흥얼
흥얼
응?
바보같이 생겼다옹.
킥킥킥...
화들짝
헉!

후다닥

집에서 쉬고 있던 강아지가
갑자기 하울링을 한다면
밍?
갸웃

왈! 왈!
낯선 존재의 인기척을 느낀 것일 수 있습니다.

덜
덜
야옹….

왈! 왈!
왕! 왕!
냐앙…?
리리… 헉!

으르르~!
으르르~!
이 경우, 낯선 존재에게
자신의 영역을 알리며
저리 안 가?!
희 번 뜩
아오오욹~!
멀리 떨어지라고 경고를 하는
하울링일 수 있습니다.
쪼끄만 게
당차네~

이 외에도, 강아지는 보호자가
위험하다고 생각되거나
또 오기만 해 봐라.
흥.
탈
탈
주변을 경계해야겠다고
생각했을 때에도
응?
멍! 멍!
어디 갔었어?
하울링을 할 수 있습니다.
허…! 너… 그거 누구한테 배웠냥?
대롱
대롱

이유4
나 아프고 불안해!

꿀 꺽
두 얼굴을 가진 강아지라니….

평소에 조용하던 강아지가
가까이하면 안 되겠다옹.

자주 하울링을 하기 시작했다면 몸이 아프다는 의미일 수 있습니다.
아오오~ㅠ
번 쩍
리리!?

아오옹~ㅠ
살려 줘!
힝~
하지만 노견이 갑자기 하울링을 한다면
훌쩍
훌쩍
어휴.
치매에 걸렸다는 신호일 가능성도 있습니다.
그래, 그래.
끼잉…
끼잉….
무서워져!
그러니, 강아지가 갑자기 하울링을 하기 시작했다면
아오옹~!
호~ 해죠
강아지의 평소 행동을 살펴본 뒤, 동물병원에 방문하는 것이 좋습니다.
시끄러.
읍….
퍽!

살짝
또 그때처럼
갑자기 변할지도
모른다옹.
다시 현재로

두둥
응?

헤헤헷

뭐…
뭐냥.
스윽

선물!
냄새가 좋아서
가져왔다멍~.
나한테?
뭐 쫌 고맙네.
소듐
됐나…?
요즘은 안
그러니깐…
응?!
삐뽀
삐뽀
삐뽀
삐뽀
희번뜩

멍상추

보호자가 알아야 할 강아지 나이별 특징

강아지의 평균 수명은 견종마다 다르지만, 일반적으로 12~15세 정도로, 강아지는 사람보다 나이를 더 빨리 먹고 있어요. 나보다 시간이 빠른 우리 강아지의 나이별 특징에 대해 알아보아요.

❶ 성장기 (1세 미만)

▶ 3~6개월 시기

사회화가 이루어지는 시기로, 사회화는 강아지 성격 형성에 매우 중요해요. 다양한 자극을 경험시키며 적응력과 친화력을 길러 주세요.

▶ 4~6개월 이후

이갈이를 하는 시기로, 이갈이 전에는 강아지의 이빨이 매우 약해서 부드러운 사료를 주는 게 좋아요. 또, 너무 딱딱한 간식도 조심하세요.

❷ 성인기 (1세~7세)

▶ 개춘기

2세까지는 개춘기라고 불리는 시기로, 에너지가 넘쳐서 각종 사고를 칠 수 있어요. '앉아', '기다려', '손', 하우스 훈련을 통해 강아지의 심한 흥분과 공격성 같은 행동을 고칠 수 있어요.

개춘기가 지나면 정서적으로 안정되고 차분해져요. 그렇다고 놀아주지 않거나 혼자 둔다면 우울증이나 분리 불안이 올 수 있습니다.

▶ 꾸준한 관리가 필요한 시기
성견이 되면 보호자는 성장기 때와 달리 동물병원에 잘 데려가지 않는 경향이 있어요. 건강에 큰 이상이 없어 보이더라도 평소 식욕과 대소변 상태를 잘 확인하고 1년에 1회 정도 정기 검진을 받는 게 좋아요.

❸ 노년기 (8세 이상)

노년기에는 서서히 많은 변화가 나타나기 시작해요. 먼저, 행동이 느려지고 피부에 검버섯이 생겨요. 그리고 처음에는 잘 느껴지지 않지만 시력, 청력과 함께 이빨도 많이 약해지게 돼요.

▶ 일상의 변화가 필요한 시기
노견 가족의 일상은 평범한 반려동물 가족의 일상과 조금 달라져요. 강아지가 어릴 때는 신나게 뛰며 산책을 했다면 이제는 느리고 여유 있는 산책을 해야 해요. 또, 먹는 것도 이빨 상태를 확인하면서 부드러운 사료와 간식을 주어야 합니다. 만약 강아지의 시력이 나빠져 앞이 잘 보이지 않는다면 가구에 완충재를 붙이고 큰 소리를 내지 않는 등의 배려가 필요합니다.

▶ 건강 체크 필수
노견의 건강은 더 열심히 체크해야 해요. 눈과 이빨, 혀 색깔, 피부 등 외관은 물론 대소변, 식욕, 활력, 입 냄새도 살펴보아야 합니다. 노견의 경우 평소 건강해 보여도 갑작스런 스트레스나 작은 질병에도 건강이 빠르게 나빠질 수 있어요. 따라서, 6개월에 1회 정도 정기 검진을 받아 질병을 빨리 발견할 수 있도록 해야 합니다.

강아지에게 좋은 과일과 안전하게 먹이는 방법

강아지 간식으로 과일을 줄 때, 꼭 지켜야 하는 것들이 있어요. 지키지 않으면 소화 불량, 질식, 급성 신부전 그리고 사망에 이를 수도 있기 때문이에요. 강아지가 안전하게 먹을 수 있는 과일은 무엇인지 알아보아요.

❶ 망고

망고에는 카로티노이드, 칼륨, 비타민, 미네랄이 풍부한데, 카로티노이드는 세포 손상이나 노화 방지 효과가 있어요. 또, 망고에는 비타민이 풍부한데, 특히 비타민 A, B6, C, E가 많이 들어 있어요.

망고는 천연 당으로 이루어져 있지만, 당분의 함량이 높기 때문에 당뇨를 앓고 있는 강아지라면 먹지 않는 편이 좋아요. 게다가 망고 씨는 강아지가 삼키면 위험하니 주의하세요.

❷ 바나나

바나나에는 비타민 B6, 비타민 C, 칼륨 같은 영양소가 풍부하고 높은 양의 섬유질을 포함하고 있어 강아지의 소화를 도울 수도 있어요.

그러나 강아지들 중에는 바나나에 알레르기가 있는 경우가 있어서 먹기 전, 알레르기 반응을 확인해야 합니다. 또, 칼로리와 당분이 높아 많이 먹으면 비만, 소화 불량, 당뇨병 등으로 이어질 수 있어요.

❸ 블루베리

블루베리는 비타민 A, C, E와 같은 항산화 물질이 풍부한 슈퍼 푸드로, 강아지에게도 좋은 과일이에요. 특히 항산화 물질은 세포의 노화 및 손상을 방지하고 암을 예방하는 효과가 있다고 알려져 있어요.

블루베리는 특히 노견에게 좋은 과일인데요, 블루베리에는 뇌신경 보호 및 노화 방지 효과가 있다고 알려진 '갈산'이 풍부하게 함유되어 있어요. 또, 나쁜 콜레스테롤과 혈압을 낮추기 때문에 심장 건강에도 좋아요. 그리고 블루베리에는 비타민 K도 풍부해 뼈 건강에 좋아서 노견의 골다공증 예방에도 좋다고 해요.

❹ 자두

자두는 비타민 A, C, 필수 미네랄, 항산화 물질이 풍부하고, 저칼로리의 고섬유질 과일이기 때문에 체중 관리가 필요한 강아지에게 먹이기에 좋아요.

자두는 특히, 체내 면역력을 강화시켜 암 예방, 염증을 완화시키는 효과가 있고, 피부 및 신체 장기(간, 신장) 기능 개선에도 도움이 된다고 해요. 그러나 자두 씨는 절대 먹이면 안 되는데, 자두 씨는 굉장히 딱딱해 이빨이나 턱에 문제가 생길 수 있고 씨를 삼킬 경우 목에 걸리거나 장이 막히는 장폐색의 원인이 될 수 있어요.

강아지에게 과일을 먹일 때, 과일의 씨앗, 껍질, 줄기 등에는 독성이 있는 경우도 있고 소화도 어려우니 과육만 소량씩 먹이는 게 좋아요.

2장
고양이 연구소

애교 만점 개냥이 4대장은 어떤 고양이일까?

나만 당할 줄
알고?
스윽

흥! 이런
디자인은 너무
뻔하지.

디자인이 뭔지
보여 주겠다멍.
조물 조물

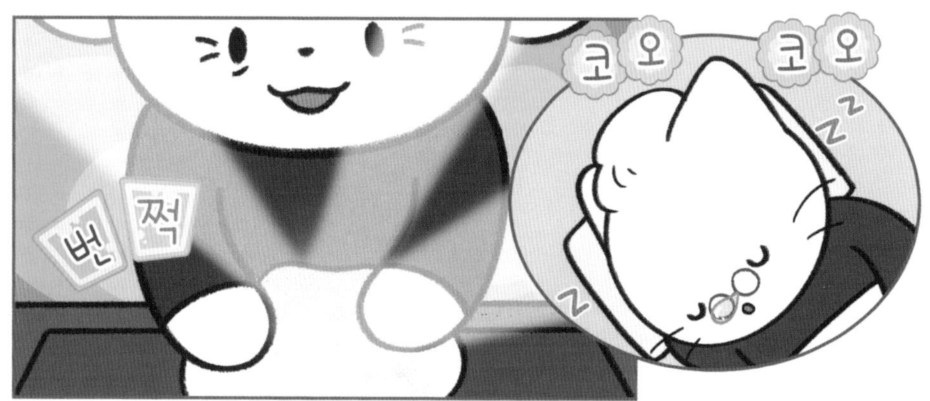
번쩍
코오 코오

개일까? 고양이일까?
애교 만점 개냥이 특집

랙돌은 큰 덩치와 함께 나비 날개 같은
귀 모양과 복슬복슬한 털,
인형?
덩그러니
그리고 껴안을 때 축 늘어지는 다리가
애옹~.
복슬
복슬
화들짝!
인형이 아냐!?
마치 봉제 인형과 같다고 하여 붙여진 이름입니다.

냐앙~.
부비
부비

쪼쪼쪼~.
넌 어디에서 왔니?

국제고양이협회(TICA), 국제랙돌고양이협회(IRCA)에서는
랙돌이 반드시 갖추어야 할 특징으로
귀욤 귀욤
헤에♥
내 심장…!
두근
파란 눈과 함께 사랑스러운
성격을 꼽을 정도로
잠깐
기다리렴~.
쓰담
쓰담
호호호
랙돌은 타고난 개냥이라고 할 수 있습니다.
발라당
할머니,
어디 가냥?

그렇기 때문에 대부분의 랙돌은
느긋하고 온화한 성격을 가졌으며
팔랑
팔랑
헤 실
헤에에~.
헤 실
호기심이 왕성하고 경계심이 낮아
웅?
놀자!
응!
사회성이 높은 묘종이라고 합니다.

일어나야
같이 놀지.
뒹 굴
뒹 굴
헤 헷~
귀찮앙~.

개냥이2
메인쿤
늠름

헤헤헤~!

갸웃
응?
?
?

메인쿤은 대형묘 중에서도 가장 큰 고양이로,
어….
어…?

마치 사자처럼 목 주위의 풍성한 털을
가진 것이 특징인 묘종입니다.
큼직

화들짝
으아옹~.
호다닥
엄청
크구만….
두둥
대체
어디서 나타난
녀석이지?
스윽

대부분의 메인쿤은 평화적이고
인내심이 높은 경우가 많아
두리번
두리번
졸리다옹~.
스륵

사람과 동물을 가리지 않고
Z
Z
빼꼼

덜
덜
덜

헤헤헷
웨엉~.
발랑
모두에게 친절한 성격을 가진 것으로
알려져 있습니다.

스윽

두둥!
역시 그 할망구가…!
쿵
쿵

하지만 정말 잘 만들긴 했단 말이지.
순둥
순둥

나아가 '거대한 신사'라는 별명처럼
점잖은 성격을 가졌기 때문에
슬금
슬금
헤헤헤~.
쭈욱
보호자의 관심을 계속해서 요구하거나
의존하는 경우는 드물지만
낼름
낼름
보호자에 대한 애정이 높아서
함께 있고 싶어 하거나
얘들아~.
어이쿠!
착하기도 해라.
부비
부비
졸졸 따라다니는 개냥이라고 합니다.

스핑크스 고양이는 큰 귀와 함께 털이 없고

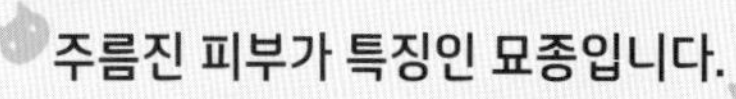
주름진 피부가 특징인 묘종입니다.

네 옷을 만들고 있지~.
오!
짜안
다른 고양이에 비해 털이 없는 것처럼 보이지만
어때?
야호!
폴짝 폴짝
흐음….
보송
아주 얇은 솜털을 가졌기 때문에 털이 아예 없는 것이 아니며
으으으…!
털은 기본인데…!!
빠득
개체마다 촉감이 조금씩 다른 것 또한 특징으로 볼 수 있습니다.

화들짝
에취!

아이고!

스핑크스 고양이는 스핑크스라는 이름과 날렵한 생김새로 인하여
우선 이거라도….
잉…?
갸웃?

이집트에서 유래된 종으로 오해받지만
두둥
쓰읍~?
사실은 캐나다 토론토의 한 가정집에서 태어난 유전적 돌연변이 종이라고 합니다.

이건?
마음에 들어?

와~!
활짝

대부분의 스핑크스 고양이는
활기차고 다정한 성격을 지녔고
헤헷
화들짝
털이
없냐옹?!

삐질
아니…!

다른 반려동물과도 잘 지낼 정도로
친절하다고 알려져 있습니다.
맞아.
난 특별해~.
으쓱

배시시
그래서 할머니가 떠 준 옷을 많이 입을 수 있다냥.
또한 보호자에 대한 애정도가 높아 졸졸 따라다니는 경우가 많고
쓰담
쓰담
초롱
짱이다!
우와아!
초롱
안기거나 쓰다듬을 받는 것을 좋아하는 개냥이라고 합니다.
다른 고양이였으면 벌써 싸우고도 남았겠지.
투닥
투닥

개냥이4
봄베이
반짝
두리번
두리번
어디로 갔나…?
봄베이는 단순히 까만 고양이들과는 달리
골똘
끙….
속털과 발바닥 색까지 완벽한 검은색이며
긁적 긁적
불쑥

황금색 눈을 가졌기 때문에
반 짝
으악!
화들짝!
캬옹!
폴 짝
'작은 흑표범'이라는 별명을 가진 묘종입니다.
이것아!
할미를 놀리면
못써!
깔 깔 깔
킥킥킥.
동 글 동 글
봄베이는 얼굴과 눈, 귀끝과 발이
모두 둥글둥글해서

아기자기한 크기의 고양이로
생각할 수 있으나
인석도~.
한 번 안아
줘 볼까?
으…쌰!
두둥!
실제로는 다부진 근육질 체형을 가진
중형묘입니다.
아이고!
내 허리!
우지끈

위압적인 흑표범을 떠올리게 하는
겉모습과는 달리
삐질
으으~.
털 썩
어….

냥 무 룩
나가
놀아라.
우, 웅….
봄베이는 느긋하고 사교성이 좋아

소 곤
쫌 무서워.
소 곤
쟤 좀 봐!
새까맣다.
우와….

처음 보는 사람에게도 애교를 부릴 정도로 다정하며
두둥
활짝
헤헤~.
신난다냥!
우다다
캬하하~!
몇 시간 후
보호자의 무릎을 너무나
좋아하는 개냥이라고 합니다.
방긋
더 놀자!
으앙~!
헉
헉
그만 놀래!

댕댕별

복수다,
이 할망구야.
후후~.
투닥
투닥
키득
키득

응?
갸우뚱?
할멍, 도와줘서
고맙다냥.
덕분에
좋은 공부를
했다옹.
이, 이게
아닌데….

턱시도 고양이의 깜찍한 비밀

에헤헤~, 나
잡아 봐라~.
우다다
콩!
아얏!

좌르륵-

아이고!
이를 어째!
뭉게
뭉게

… 애옹?
두
둥

비밀1
다른 털색 고양이보다 빨리 자라

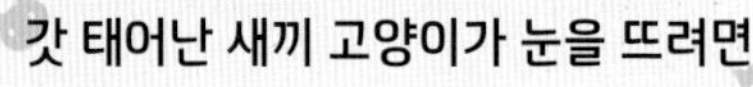

턱시도 고양이의 성비: 삼색 고양이는 암컷이 대부분이고, 검은 고양이는 수컷이 더 많은 편인데, 턱시도 고양이는 암컷과 수컷의 비율이 비슷하다고 해요.

성장 속도가 빠르다고 합니다.
응?
우와, 진짜 예쁘다···
발그레
잡지
두둥
뭐?! 여긴 가야해!
인플루언서 랙돌 참석!!
여기 갈래요!
화들짝!
언제 다··· 컸니?
제발요~.
벌써 파티의 재미를 알다니?!
초롱
초롱
끄응···.
초대장

비밀2

턱시도 고양이의 종류

야호!

번쩍
번쩍
하지만 묘종과 털색에 상관없이

실례.
얘도 턱시도?
앗!
에구구.
무늬가 턱시도 무늬라면 붙여지는 별명이기도 하며,

나만 턱시도가 아니었네?
응?
오순도순
아하하~
검은색과 흰색 털뿐만 아니리, 노란색과 흰색,
회색과 흰색 털을 가질 수도 있습니다.

가끔 코나 턱 주변에 흰색 털이 많아서
싱글
벙글
후후훗~.
가면냥,
잘 지냈어?
안녕?
활짝
가면을 쓴 것처럼 보이는 무늬도 있고,

반갑습니다냥.
발그레

뻘쭘
어….
응?
흰색 또는 검은색 콧수염을 가진
무늬도 있습니다.

도란 도란
흐음~?

그리고 부모가 턱시도 고양이가 아니더라도
이번에 가족 사진 찍었어.
너만 무늬가 있네?
자식으로 턱시도 고양이가 나올 수 있다고 합니다.

뭐가 저리 재밌을꼬~?
헤벌쭉

호호호~, 여기 있지 말고 가서 놀다 오거라.
냥?

그, 그치만….
얼떨떨

애옹….
초롱
초롱
하하하~.

두둥!
그래!
저 벅
저 벅

흐뭇
흐응~,
응?
삐질

얘야,
내 말동무가
되어 줄래?
냥?
톡!
톡!

비밀3 (과학적으로 밝혀지지 않은)
턱시도 고양이의 성격

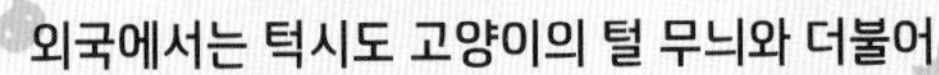

하하~, 그래서
말이야~.
정말?
어머나?
샤 샥

후루룩
다
묻었네~?

와아, 깨끗하게
잘 마시네?
어머?!
깔 끔

짜
잔
흠~.
또, 사회성이 높고 외향적인 성격으로

그윽
관심을 받고 싶을 때 자주 울기도 합니다.

냐옹. 냐옹냥냥. 애옹 냥앙냥.

우엥?
우르르

하지만 사람마다 성격이 다르듯

고양이의 성격 또한 저마다 다르기 때문에

단정짓지 않도록 주의합시다.

비밀4
이집트에서
숭배한 고양이!?
반 짝
반 짝

정확하게 밝혀진 바는 없으나,
이집트 왕실의 무덤 벽화,
사인….
헉! 사인까지 받는다고?

상형 문자, 예술품 등에 고양이가 묘사되는 경우가 많았는데
슥슥

짜안
To. 냥냥
와아….
그중에서 70%가 턱시도 고양이라는 말이 있습니다.

씨익
어디에서 왔어?
바글
바글
이야기 좀 들려 줘.
이집트 사막에는 독을 가진 뱀과 전갈들이 살고 있었는데
냥냥~.
이로 인해 많은 사람들이 다치거나 죽었기 때문에
후다닥
냐옹, 냐아옹.
어떡해….
이들은 두려움의 대상이었습니다.

하지만 사냥에 능숙한 고양이가
독사를 죽이는 모습을 보고
캬악!
냐앙!

고양이를 더욱 아끼고 사랑하며
보호했다고 합니다.
쓰담 쓰담
후훗~.

헤실 헤실
다행이다~.

아니,
잠깐!
두리번 두리번
이게 아닌데….

앗…!
짜 잔!
와아~!
초 롱
초 롱
아….
추 욱
난 역시
안 되는군…
재미있게
놀았니?
그, 그럼요.
후….

콕콕!
응?!
생긋
휴~, 놓치는 줄
알았네.
어머나!
어어…?
오늘 멋졌다냥.
이거 주고 싶었어.
두둥
이건…?

내 비밀
냥별그램 아이디야.
또 연락하자냥.
찡긋

냥별…?

엇!
쪽

멍…
그럼
잘 가~.
콩닥
으아아앗…!
콩닥

고양이가 보호자를 아깽이로 여길 때 하는 행동

화들짝
앗!
음음~,
음~ ♬
휙
뭐지?

뭔가
찝찝한데.

쿠울

짹짹짹
으아아악!

집사를 아깽이라고
생각하는 고양이
쿠궁!

내, 내가 고양이가 됐다고…?!
문질
문질

냥?

두둥
어…?
!!

두둥!

퍽!
내 구역이야!
잠깐…,
이거 한 대 맞는
거 아냐?
오들
오들

삼색아!
나야, 나!
덜
덜
덜
대롱
대롱
응?

엄마 고양이가 아깽이를 그루밍하는 이유는

아깽이의 배변을 돕고,
깨끗하게 해 주기 위해서입니다.

만약 고양이가 보호자에게 매일 그루밍을 해 준다면

보호자를 아깽이라고
생각하는 것일 수 있습니다.
이거
놔~!
바둥
바둥
아니, 이것 좀
보라옹.

낼름
낼름
대체 뭘 묻히고
다니는 거냥?
드~럽다옹.
왜 이리 더러워?
흥 해, 흥!
흥!
엄마냐…?

뿌듯
하아….
반짝
반짝

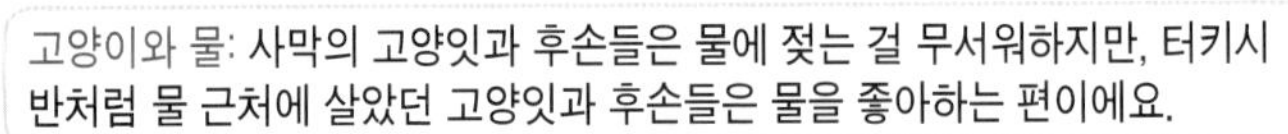

고양이와 물: 사막의 고양잇과 후손들은 물에 젖는 걸 무서워하지만, 터키시 반처럼 물 근처에 살았던 고양잇과 후손들은 물을 좋아하는 편이에요.

내가 구해주겠다옹!
쌔앵
집사!
그래서 보호자를 아깽이처럼 생각하는 고양이는
으…!
너무 높아!
낑 낑
끄 응
보호자가 화장실에 갈 때마다
윽!
멍?
쿠궁!
으…, 창피해.
걱정하며 따라오는 것입니다.

행동3
몸을 따뜻하게 데워 준다
포근

아깽이는 몸이 완전히 발달하지 못해서
어허~.
꾸욱

으…!
더워, 더워.
체온 조절에 서투릅니다.

못 참아!
냥?
쌩-

휴~.
내가 애야?

추, 추워!
으슬
으슬
그렇기 때문에 엄마 고양이는
아깽이의 체온이 떨어지지 않도록

항상 아깽이의 곁에 붙어서 돌봐 줍니다.
오들
오들
그것 보라옹.
쬐그만 게 반항은~.
만약 고양이가 보호자의 곁에
계속 붙어 있다면
이리 왓.
스윽
포옥~
보호자를 아깽이라고 생각해
돌봐 주려는 것일 수 있습니다.
으, 드러!
할짝
할짝
윽!

행동4
항상 옆에 붙어 있는다
졸졸졸

고양이가 보호자를 졸졸 따라다닐 때는
어떻게 해야 돌아갈 수 있을까?

하지 마~.

분리 불안이 있거나 애교쟁이인 경우가 많습니다.
졸졸

왔다
심란하다옹….
갔다
갸우뚱?
응?

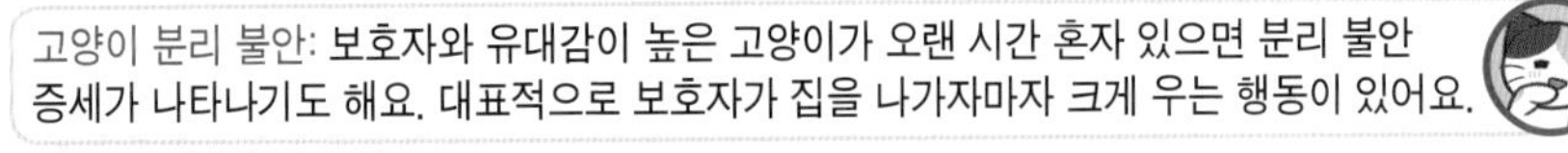

고양이 분리 불안: 보호자와 유대감이 높은 고양이가 오랜 시간 혼자 있으면 분리 불안 증세가 나타나기도 해요. 대표적으로 보호자가 집을 나가자마자 크게 우는 행동이 있어요.

물론, 보호자를 아깽이라고 생각할 때에도
초조
불안한데….
고양이가 따라다닐 수 있습니다.
음~.
골똘
으악!
기우뚱
어?!
으아아아아!
두둥

보호자가 다치거나 위험한 일이 생기지 않도록
폭 신
으윽!
살 짝
응?
자신이 지켜 주려고 따라다니는 것입니다.
리리~.
쓰 담
쓰 담

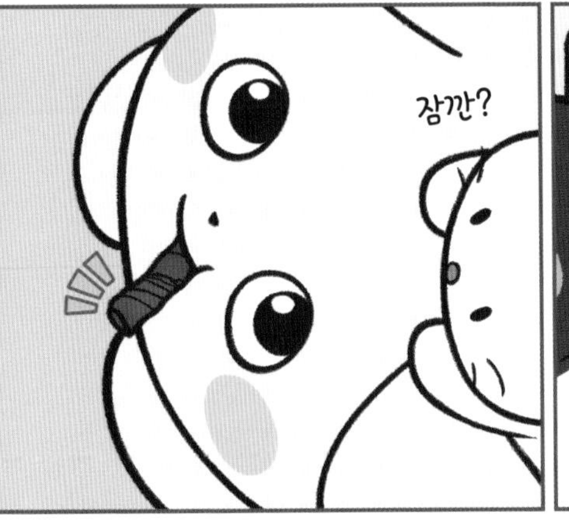
잠깐?

리리!
이거 어디서
꺼냈냥?!
투 닥
투 닥

행동5
잔소리를 한다
빠 안
흐음~.
고양이가 됐어도 일은 해야지.
토 독
고양이에게는 시간 개념이 있기 때문에
집사! 자라옹.
나 바빠.
토 도 독
못 마 땅
흐음~.
보호자의 귀가 시간이나 자는 시간을 인지합니다.

보호자를 아깽이라고 생각하는 고양이는
웃차! 웃차!
클릭 클릭
어?
집에 늦게 들어오거나
늦게까지 잠을 자지 않는 등
탁!
아…
안 돼.
보호자가 마음에 들지 않는 행동을 할 때
나와!
나오라옹!
흔들
흔들
냐냐옹 냐옹!
애애애옹!
삼색이
미워어!
잔소리를 하듯 따라다니며 울기도 합니다.

행동6
먹이를 잡아 준다
꼬르륵

두리번
배고프다냥….
두리번

사냥하는 법도 모르고….
히잉.
꼬르륵

고양이들의 세계에서는 사냥을 하는 것으로
어?!
스윽

성묘와 아깽이를 구분합니다.
사양 말고 먹어라멍~.
사료는 좀…
으음….
안 먹냐멍?
맛있는데…

고양이가 보호자를 사냥을 못하는 아깽이라고 여기면
일어나 봐.
시름 시름
먹이를 잡아 주며 사냥을 가르쳐 주기도 합니다.
자.
오오~!
근데 이거 어디서 났냥?
옴 뇸 뇸
잠깐.
싸아
설마….
다 어디 갔지?
??
삼색이 너어….
두둥!

행동7
자는 척을 한다
나 안 잔다.
훌쩍
이대로 사람으로 돌아가지 못하면….
훌쩍
고양이는 자는 척을 할 수 있기 때문에
흐흐흑!
스윽
보호자가 잘 준비를 하고 있다면
음…?
멍?
졸리지 않아도 곁에 머물기도 합니다.
야옹?
찔찔이 왜 우냥?
멍~.
몰라~

얘들아…! 날
위로해 주다니….
나 포기하지
않을게.
울컥
보호자가 잠든 것 같으면 일어나 나가기도 하는데,
드르렁
커어~.
잘 자라옹.
생긋
보호자가 잠들 때까지 지켜 봐 주면서
흐뭇
코오~
안전하게 잘 자고 있는지 확인하는 것입니다.

z z
z z
응?
번 쩍
어? 어?!
더 듬
더 듬
쭈인~.
역시 그건
꿈이었어.
흐 뭇
어휴~.
저 철없는
뽀시래기.

8화

고양이가 보호자를 믿지 못할 때 하는 행동

짜릿
너한테두 이렇게 귀여운 시절이 있었냐멍?
지금은 어떻다는 거냥.
흠~, 이럴 때도 있었지….
그때가 쪼금 그립다옹~.
초롱
와~! 옛날 이야기다멍.
초롱

집사를 믿지 못하는
고양이의 행동
빼꼼
키워!
콩닥
콩닥
키워!
여긴
어디냥…?
키워!
키워!
삐죽
히익!
삐죽
냐오오옹…ㅠ
오들
오들

행동 1
다가오지 않는다
덜
덜
대부분의 고양이들은
툭!
꺄악!
화들짝
빤히
스윽
믿음이 가지 않는 사람에게는 다가오지 않기 때문에
오들
오들
어느 정도의 거리를 유지한 채 경계를 합니다.
덜~덜.
헉!
쿠궁!

이때 일부러 거리를 좁히거나 다가가면
흐흐흐….
이름은 뭘로 할까~?
슬금
슬금
고양이가 공격을 하거나 도망갈 수 있습니다.
스윽
찰싹!
아야!
짹 짹 짹
다녀오겠습니다~!

썰렁~
Z
Z

스윽
Z
Z
코오
만약 고양이에게 가까이 다가가도

두리번
두리번
응?

?
쭈욱-
도망치지 않거나 신경 쓰지 않는다면

곰곰
최소한 보호자를 위협적으로 느끼지 않는다는 뜻이므로

활짝
엄마….

부비
부비
엄마 조아~.

쓰담
쓰담

이제 날 좋아하겠지?
헤헷
무리해서 다가가기보다는

쿠궁!
어?!
시간과 마음의 여유를 갖고

칭얼
나도 놀아 줘~!
칭얼
고양이가 먼저 다가올 수 있도록 합시다.

찌
풀
으~, 싫어.

꿀꺽
삼색이를
냥아치로
만든 건…

두
둥
쭈인이였나…?

행동2 위협한다

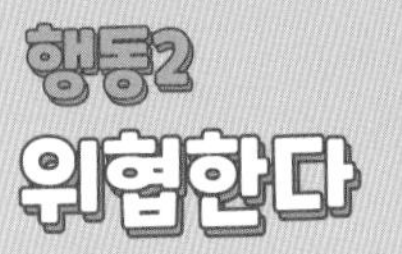

고양이는 스스로 위험한 상황이라고 생각하면

상대에게 공격적인 행동을 보입니다.

귀를 세우고 하악질을 하며 위협한다면
가까이 가지 않는 것이 좋습니다.

으쓱
그 작은 몸으로 집사를 때려눕혔다옹.
특히, 경계심이 강한 고양이일수록
이렇게!
퍽!
퍽!
후후훗.
삐질
잔인해!
흐엉~
보호자를 믿는 것에 많은 시간이 걸리게 되지만
냐앙! 냥! ㅠ
뻥인데….
내 이미지도 중요하니까.
긁적
초조해하지 않는 것이 중요합니다.

행동3
도망가거나 숨는다
이건 뭐지?
뭐 봐?
갸웃?
아! 여기 내가 있다옹.
멍? 진짜냐멍?
엥?
그렇다옹. 못 찾겠냥~?
고양이는 위험을 감지했을 때
삼색아!
할짝
할짝
움찔
어딘가로 몸을 숨겨 버립니다.

만약 보호자가 다가갔을 때
호다닥
야옹!
짝!
고양이가 구석으로 몸을 숨긴다면
삼색이 어디 있지?
응?
콩닥
콩닥
보호자를 믿지 못하는 것일 수 있습니다.
씨익
쿠궁!
어?
찾았다.

고양이를 무리해서 밖으로 꺼낼 경우
안약
애오옹!
쓰 담
쓰 담
하….
사이가 더욱 나빠지게 되므로
고양이가 스스로 나올 때까지 기다려 줍니다.
이거 먹고
화 풀어.
미안~
뚱~
두고 보라옹.
째릿
할 짝
츄르에 정신이
팔려서…
생각해 보니
그때의 복수를
못했군.
가만
안 둬!
꺅!
이얍!

행동4
떨거나 긴장한다
이거 놓으라옹!
만지지 말라옹.
쏘옥
보호자와 함께 있는 고양이가
냐옹….
훌쩍
훌쩍
삼색아~!
어디 있어?
절대 안 나갈 거다옹.
긴장을 하거나 무서워하는 모습을 보인다면

꼬르륵
아직 마음을 열 준비가 되지 않았다는 뜻입니다.
흥!
쏘옥
이잇!
거슬린다옹.
나도 이제
어른!
위풍
당당
척!
먹이는
내가 찾겠다옹!

이때는 고양이가 스스로 마음의 문을 열 때까지
어?!
킁킁
이 냄새는?

먹이다옹.
!
짜안

여유를 갖고 기다려야 합니다.

얌 얌 얌

냐항!
방긋

엇!

보호자와 함께 있어도
스윽
어?!

주륵
무서운 일이 일어나지 않는다고 생각되었을 때

흐뭇
옴뇸뇸
맛은 있네…
고양이는 안심할 수 있기 때문입니다.

핥
핥

어?!

휙
냐냥….
휙
냥!
덥석
아직 고양이와 관계가 서먹하다면
짜안
자, 오다
주었다옹.
어?
고양이와 좋은 기억을 많이
만드는 것이 좋습니다.
뿌듯

특히, 고양이는 한 번 마음이 닫히게 되면
화 들 짝
냥!?
삼색아~.
울 컥
다시 돌이키는 것이 매우 어렵기 때문에
드디어!
내가
좋은 거지?
두 둥
냐앙!
냥!
엄마~!
삼색이가
선물 줬어.
충분한 시간을 들여 거리를
좁히는 것이 가장 중요합니다.

뿌듯
그런 추억이 있었지.

만약 고양이와 신뢰 관계가 충분하지 않다면
와아….
응?
주륵

과도한 훈육이나 훈련은 반드시 피해주세요.
맛있겠다~.
으….

어?!
초롱
초롱

믿음직한 집사는 아니지만…
그래도 뭐~♥
바보
끄적
끄적

고양이가 먹어도 되는 과일과 먹으면 안 되는 과일

강아지와 달리 고양이는 육식 동물로, 대부분 과일에 별로 관심이 없어요. 또, 과일에 영양이 많다고 해도 소량 급여로 큰 효과를 보기는 어렵지요. 고양이가 먹어도 되는 과일은 무엇인지 알아보아요.

먹어도 되는 과일

① 사과
변비에 좋고 지방이 적어 비만냥이나 노묘에게 좋지만, 많이 먹으면 당뇨, 설사 위험이 있어요.

② 딸기
딸기는 고양이의 장내 환경 개선에 도움이 되지만 비타민 C 효과는 크지 않다고 해요.

③ 수박과 멜론
여름철 수분 보충에 좋아요. 다만, 한 숟가락 정도만 먹여야 해요.

④ 배
비타민 A, C, 식이섬유가 풍부하고, 음수량 높이기에 활용하면 좋아요. 단, 너무 많이 먹으면 설사 위험이 있어요.

⑤ 복숭아
복숭아 껍질에 알레르기 반응이 올 수 있으니 과육 부분만 잘게 잘라 먹이고, 씨는 중독 증상을 일으킬 수 있어 주의해야 해요.

⑥ 감
피부와 털 건강에 도움을 주며 이뇨 작용이 있어 신장병 고양이에게 좋아요. 반면에 씨는 장폐색의 원인이 될 수 있으니 제거해 주세요.

⑦ 블루베리
블루베리는 항산화 작용을 일으키고 비타민 C와 식이섬유 덕분에 요로 질환 및 감염 발병을 줄일 수 있어요. 또, 야간 시력 향상에 좋아요.

⑧ 바나나
당과 탄수화물 함량이 높아 바나나는 소량만 준다면 좋은 간식이 될 수 있어요.

먹으면 안 되는 과일

① 포도
포도는 소량 섭취로도 죽음에 이를 수 있는 가장 위험한 과일이니 절대로 먹이면 안 돼요.

② 무화과
무화과는 침흘림, 구토, 설사, 피부 염증을 비롯한 중독 증상을 일으킬 수 있는 위험한 과일로, 나무 자체에도 독성이 있어 주의해야 해요.

③ 가공된 과일
과일 케이크, 과일 타르트, 과일 통조림, 과일 주스처럼 가공된 과일 식품은 먹으면 안 돼요.

여기에 소개된 먹어도 되는 과일의 종류는 건강한 아이들이 기준이기 때문에 질병이 의심되거나 노묘라면 수의사 상담 후에 먹이는 게 좋습니다.

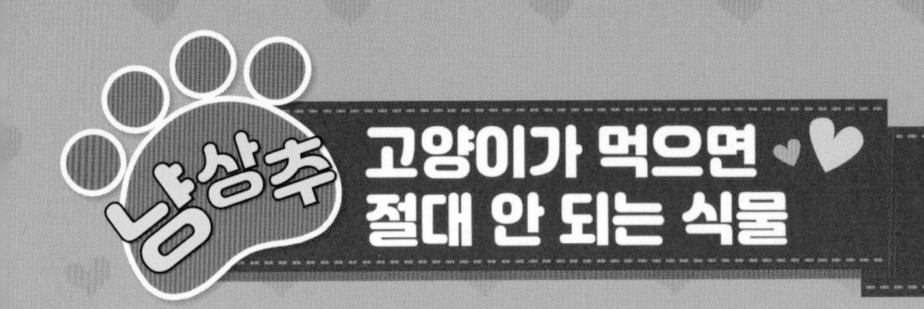

가끔 풀 먹는 걸 좋아하는 고양이들을 본 적이 있을 거예요. 하지만 고양이에게 위험한 식물은 422종 이상으로 고양이를 키운다면 항상 식물을 조심해야 하지요. 고양이에게 위험한 식물은 어떤 것이 있는지 알아보아요.

고양이에게 위험한 식물 5가지

고양이가 식물에 관심을 보이거나 먹기도 하는데, 이는 뱃속의 헤어볼을 뱉어내거나 소화를 돕기 위한 경우가 많아요. 또는, 단순히 풀의 냄새나 맛을 좋아하거나 심심함을 달래기 위해 식물을 뜯기도 합니다.

1. 백합

백합, 튤립, 은방울꽃 등 모든 백합과 식물은 고양이에게 전신 마비, 구토, 피부염 등 백합중독증을 일으키는데, 중독이 심하면 급성 신부전에 걸릴 수 있어요. 또, 단순히 냄새를 맡거나, 꽃이 담긴 물을 마시는 것도 안 돼요.

2. 산세베리아

공기 정화 식물로 실내에서 많이 키우는 산세베리아에는 사포닌이라는 성분이 들어 있는데, 이는 고양이 구토, 설사 등의 원인이기 때문에 주의해야 해요.

3. 알로에

알로에도 백합과 식물로, 알로에 성분이 있는 화장품을 사용할 때 고양이가 화장품이 묻은 곳을 핥지 못하게 해야 해요. 알로에즙 속 알로인이라는 성분이 고양이에게 저체온증, 설사, 혈뇨 등을 일으키기 때문이에요.

4. 안개꽃

안개꽃은 우리 주변에서 쉽게 접할 수 있는 꽃인데요, 하지만 고양이가 안개꽃을 먹은 경우 구토나 설사를 할 수 있어요. 간혹, 안개꽃이 피부에 스치기만 해도 가려움증이나 피부염이 생길 수 있다는 점도 알아 두세요.

5. 토마토의 잎, 줄기

토마토의 잎과 줄기 속에는 토마틴이라는 고양이에게 위험한 독성 물질이 있어요. 고양이 몸에 닿으면 결막염, 피부염, 알레르기 등을 유발하고 섭취 시 호흡 곤란, 설사 등이 나타나니 조심하세요.

이 외에도 라벤더, 국화, 철쭉 등 고양이에게 독이 되는 식물은 너무나도 많아요. 따라서, 평소 고양이에게 위험한 식물을 알아 두고 집에서 키우지 않도록 주의하세요.

반짝
반짝